BEI GRIN MACHT SICH IHR
WISSEN BEZAHLT

- Wir veröffentlichen Ihre Hausarbeit,
  Bachelor- und Masterarbeit

- Ihr eigenes eBook und Buch -
  weltweit in allen wichtigen Shops

- Verdienen Sie an jedem Verkauf

Jetzt bei www.GRIN.com hochladen
und kostenlos publizieren

Thomas Meisl

Kernfusion. Ein Überblick

GRIN Verlag

Bibliografische Information der Deutschen Nationalbibliothek:

Die Deutsche Bibliothek verzeichnet diese Publikation in der Deutschen National-
bibliografie; detaillierte bibliografische Daten sind im Internet über http://dnb.d-
nb.de/ abrufbar.

Impressum:

Copyright © 2003 GRIN Verlag GmbH
Druck und Bindung: Books on Demand GmbH, Norderstedt Germany
ISBN: 978-3-638-76024-9

Dieses Buch bei GRIN:

http://www.grin.com/de/e-book/25909/kernfusion-ein-ueberblick

GRIN - Your knowledge has value

Der GRIN Verlag publiziert seit 1998 wissenschaftliche Arbeiten von Studenten, Hochschullehrern und anderen Akademikern als eBook und gedrucktes Buch. Die Verlagswebsite www.grin.com ist die ideale Plattform zur Veröffentlichung von Hausarbeiten, Abschlussarbeiten, wissenschaftlichen Aufsätzen, Dissertationen und Fachbüchern.

Besuchen Sie uns im Internet:

http://www.grin.com/

http://www.facebook.com/grincom

http://www.twitter.com/grin_com

Kernfusion – ein Überblick

Inhaltsverzeichnis

Kernfusion – ein Überblick

1. Geschichtlicher Hintergrund

Über neunzig Prozent des Weltenergiebedarfs werden heute aus fossilen Energiequellen gedeckt. Da diese Energiequellen aber begrenzt sind und wohl in den nächsten
100 Jahren zur Neige gehen werden, müssen möglichst schnell andere Formen der
Energiegewinnung erforscht werden. Eine der vielversprechensten Möglichkeiten ist
die Kernfusion.

Die Idee zur Gewinnung von Energie durch Kernfusion stammt aus der Natur. In der
Sonne findet dieser Prozess schon seit Milliarden Jahren statt. Dies konnte 1938/39 von
Carl Friedrich von Weizsäcker theoretisch nachgewiesen werden. Die Fusionsforschung
ist aus der Forschung an der Wasserstoffbombe hervorgegangen. Die Wasserstoffbombe
stellt den Beweis der technischen Möglichkeit der Kernfusion dar, allerdings
läuft diese Fusionsreaktion unkontrolliert ab. Die Fusionsforschung begann gleich nach
dem zweiten Weltkrieg mit viel Optimismus. In den USA , der Sowjetunion und
Großbritannien versuchte man, unabhängig voneinander und unter strengster
Geheimhaltung, einen Fusionsreaktor zu bauen. Da man aber die damit verbunden
Schwierigkeiten unterschätzt hatte, wurde die Geheimhaltung zugunsten der
internationalen Zusammenarbeit aufgeben. In den folgenden Jahren beschäftigte man
sich weniger mit dem Bau eines Fusionsreaktors, sondern mit den Problemen der
Plasmaphysik im allgemeinen. Es wurden verschiedene Konzepte und Projekte
zur Kernfusion entwickelt, der entscheidende Durchbruch, der Bau eines
wirtschaftlichen Fusionsreaktors, ist aber bis heute noch nicht gelungen. Ging man
Mitte der Fünfziger noch von 20 Jahren bis zum Bau eines Reaktors aus, so verschoben
sich die Prognosen im Laufe der Zeit immer weiter. Heute geht man davon aus, dass die
Kernfusion erst ab etwa 2050 allmählich einen Marktanteil an der Energieerzeugung er-
obern wird.(vgl. Kontrollierte Kernfusion: Stand, Probleme, Entwicklungsschritte S. 6 ;
http://versuchstechnik.de/kernfusion/fusionsreaktor.pdf)

2. Grundlagen

Bevor wir die Grundlagen der Kernfusion betrachten, muss der Begriff Kernfusion definiert werden. Kernfusion ist die Verschmelzung von zwei leichten Atomkernen zu einem schweren Atomkern, wobei Energie frei wird. Der daraus resultierende Energiegewinn lässt sich mit den Massendefekt und den unterschiedlichen Kernbindungsenergien der Atomkerne begründen. Nach der von Albert Einstein gefundenen Beziehung $\Delta E = (m_i - m_f)c^2$ wird die Differenz der Ausgangsmassen (m_i) und der Massen der Endprodukte (m_f) den Betrag ΔE in Form von kinetischer Energie freigesetzt. Die Bindungsenergie eines Atomkerns resultiert aus dem Massenunterschied des gesamten Kerns und der Summe seiner einzeln betrachteten Nukleonen; die Kernbindungsenergie ist ein direktes Maß für den Massendefekt d. h. eine größere Bindungsenergie entspricht einem größeren Massenunterschied. Die Darstellung der spezifischen Bindungsenergie pro Nukleon aufgetragen über der jeweiligen Gesamtmasse des Kerns zeigt, dass die Fusion zweier Kerne niedriger Masse zu einem Atomkern mit höherer Bindungsenergie führt; somit wird Energie freigesetzt.

(vgl. Grafik; www.ipp.mpg.de/BB/Kernfusion/Kernfusion1.html)

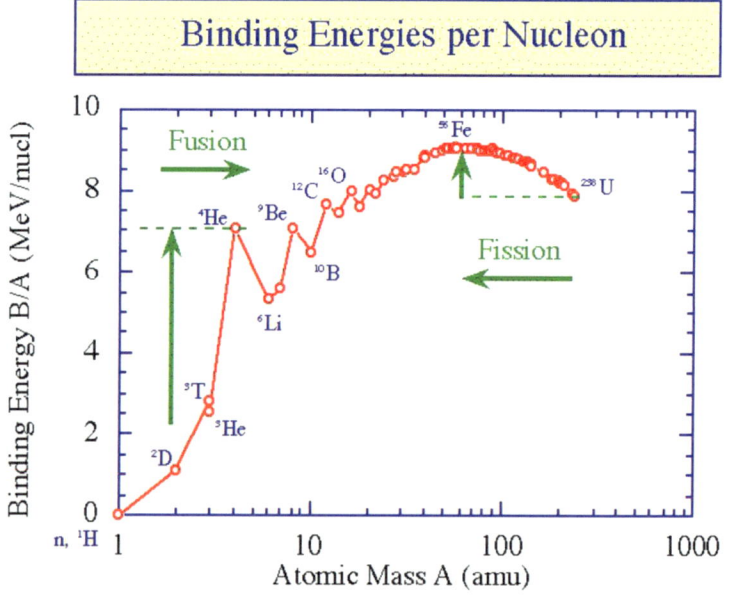

Die Energie, die pro Nukleon bei einem Verschmelzungsvorgang freigesetzt wird, liegt deutlich über der eines Spaltungsvorganges, wie er einem herkömmlichen Atomkraftwerk auftritt, pro Nukleon freiwerdenden Energie. Bei einem Fusionskraftwerk muss also eine wesentlich geringere Masse an „Brennstoff" eingesetzt werden als bei einem Atomkraftwerk. Es drängt sich also die Frage auf, warum wir unsere Energie nicht schon lange durch Kernfusion gewinnen. Der Grund liegt in den Reaktionsbedingungen, bei denen Atomkerne verschmelzen. Da Atomkerne aus Protonen und Neutronen bestehen, also positiv geladen sind, müssen bei der Fusion von Atomkernen „die elektrostatischen Abstoßungskräfte zwischen den Kernen [...] überwunden werden."[1]

Dazu müssen sich die Atomkerne auf etwa 10^{-15} m nahe kommen. Erst auf dieser kurzen Distanz wird die elektrostatische Abstoßung durch anziehende Kernkräfte überwunden.

„Für die auf der Erde am einfachsten zu realisierende Fusionsreaktion zwischen Deuterium und Tritium beträgt die benötigte Teilchenenergie ungefähr 10000 Elektronenvolt. Diese Energie entspricht einer Gastemperatur von mehr als einhundert Millionen Grad, das ist sieben- bis zehnmal so hoch wie im Zentrum der Sonne."[2]

Bei solch hohen Temperaturen liegt Materie im vierten, der fünf Aggregatszustände (fest, flüssig, gasförmig, als Plasma und Einstein-Bose-Kondensat) vor; als sogenanntes Plasma, d.h. „ein elektrisch leitendes, aber nach außen hin neutrales Gemisch, in dem sich Elektronen und Ionen nahezu unabhängig voneinander bewegen."[3] Welche technischen Ansätze sich die Wissenschaft bis heute entwickelt hat, um die Kernfusion trotz dieser schwierigen Bedingungen einmal zu realisieren, soll im Folgenden darlegt werden. (vgl. Kernfusion - Eine Herausfoderung für die Menschheit S. 4,10)

---

[1] Stark, Abitur Training Chemie 1 (S.74)
[2] IPP Jülich, Kernfusion - Eine Herausfoderung für die Menschheit, Ausgabe Juli 2001 (S. 3)
[3] IPP Jülich, Kernfusion - Eine Herausfoderung für die Menschheit, Ausgabe Juli 2001 (S. 4)

3. Technische Ansätze

Die Kernfusion findet ihreVerwirklichung in der Sonne. Es scheint also, dass es am einfachsten wäre, einen kleinen „Sonnenableger" hier auf der Erde zu bauen. Doch in der Sonne laufen die Fusionsprozesse unter auf der Erde nicht realisierbaren Bedingungen ab. Die Fusionsprozesse auf der Sonne vollziehen sich, bezogen auf die Einzelnen Nuklide, mit extrem kleinen Reaktionswahrscheinlichkeiten, was aber in Anbetracht der beträchtlichen Masse der Sonne kein Problem für eine kontinuierliche Energiefreisetzung darstellt.(vgl. Kernfusion – Eine Herausforderung für die Menschheit S. 2,3) Bei einer Temperatur von zehn bis fünfzehn Millionen Grad im Zentrum der Sonne bilden nach dem sogenannten Bethe-Weizsäcker-Zyklus „vier Protonen (p) unter katalyt. Beteiligung eines Kohlen stoffkerns (^{12}C) und unter Abgabe von zwei Positronen (e^+) einen Heliumkern (^4He)"[4]. Nur sieben Promille der ursprünglichen Masse wird dabei in Energie umgewandelt. Durch den enormen Druck im Zentrum der Sonne ist jedoch die Anzahl der Fusionsreaktionen trotzdem so groß, dass die Sonne ständig „brennt". Da dieser Ansatz auf der Erde nicht zu verwirklichen ist, mussten andere Wege gefunden werden.

Die auf der Erde am einfachsten zu realisierende Fusionsreaktion ist die Deuterium-Tritium-Fusion. Deuterium ist ein stabiles, nicht radioaktives Wasserstoffisotop mit einem Proton und einem Neutron im Kern. Deuterium ist zu 0,015% in normalen Wasser enthalten. Tritium ist ein Wasserstoffisotop, im Kern bestehend aus einem Proton und zwei Neutronen. Es ist radioaktiv und hat eine Halbwertszeit von 12,3 Jahren. Da es in der Natur nicht vorkommt, muss man es künstlich durch Neutronenbeschuss von Lithium herstellen. Bei der Fusion zwischen Deuterium und Tritium ensteht Helium und schnelle Neutronen.

$$^2D + {}^3T \longrightarrow {}^4He + {}^1n$$

Die pro Fusionsreaktion freiwerdende Energie kann theoretisch berechnet werden:

$\Delta m = m_D + m_T - m_{He} - m_n$

$\Delta m = (2{,}0135536 + 3{,}015501 - (4{,}0015064 + 1{,}008665)u = 0{,}01888\ u$

$\Delta E = 0{,}01888 \bullet 931{,}5\ MeV = 17{,}6\ MeV$

Dieser große Energiegewinn sorgt dafür, dass nur eine minimale Menge an Brennstoff notwendig ist. Zum Vergleich: Die Verbrennung von 2,7 Milliarden Kilogramm Steinkohle liefert den gleichen Energiebetrag wie durch die Fusion von 250 Kilogramm einer

1:1 Mischung aus Deuterium und Tritium frei wird. (vgl. Kernfusion – Eine Herrausforderung für die Menschheit S. 6,7)

Prinzipiell lassen sich vier Techniken zur Kernfusion unterscheiden: Die induzierte Trägheitsfusion, die Fusion mit magnetischen Einschluss, die kalte Kernfusion und die Fusion aus der Teilchenbeschleunigertechnik. Die beiden zuletzt genannten technischen Ansätze dienen in erster Linie der Grundlagenforschung und kommen für einen Einsatz in einem Fusionsreaktor in absehbarer Zeit nicht zum Einsatz. Deshalb werden diese Techniken hier nur am Rande angesprochen. Wir konzentrieren uns auf die erfolgreichsten und am besten untersuchten Methoden zur Fusion. Beginnen wir mit den für die nahegelegene Zukunft „unwichtigen" Techniken.

Bei der „kalten Kernfusion" oder auch „Myon - katalysierten kalten Kernfusion" kann man hohe Temperaturen und riesigen Versuchsaufbauten umgehen. Die Reaktion kann in einer einfachen mit Tritium und Deuterium gefüllten Kammer durchgeführt werden. Hierzu lässt man negative Myonen in die Kammer eindringen. Myonen sind kurzlebige Elementarteilchen. Sie können positiv oder negativ geladen sein. Die Myonen stellen durch besondere Stoßprozesse enge Bindungen zwischen den Molekülen her. Die so myonisch gebundenen Kerne verschmelzen und es wird Energie in Form von Wärme frei. Die Myonen werden dabei wieder freigesetzt und können unter bestimmten Bedingungen weitere Fusionen katalysieren. Myonen kann man künstlich mit Hilfe von Teilchenbeschleunigern erzeugen. Damit ein Myon mehrere Kernfusionen katalysieren kann, sind hohe Energien für dessen Erzeugung notwendig. Dabei wird mehr Energie benötigt, um die Reaktion ablaufen zu lassen, als später frei gesetzt wird. Außerdem können Myonen, aufgrund ihrer sehr geringen Lebensdauer nur wenige Fusionsprozesse auslösen. (vgl. www.energieinfo.de/eglossar/node91.html)

Bei einer anderen Methode der Fusion werden aus einem Teilchenbeschleuniger z.B. Deuteronen und Trionen wiederholt zur Kollision gebracht, wobei sie verschmelzen. Hauptproblem bei dieser Technik sind die hohen Energieverluste, da der größte Teil über Anregungs- und Ionisationsprozesse und durch Energieübertragung auf Elektronen verlorengeht. Wenden wir uns nun den erfolgversprechenderen Techniken zu. Zuerst der induzierten Trägheitsfusion. (vgl. Kernfusion – Eine Herausforderung für die Menschheit S. 2)

---

[4] Meyers Großes Taschenlexikon in 24 Bänden, B. I. Taschenbuchverlag,Mannheim 1990 (Band 3 S.196)

Die induzierte Trägheitsfusion bedient sich dem Prinzip der Massenträgheit. Die Fusionsreaktionen finden in einer sehr kurzen Zeit statt, in der der Brennstoff (Deuterium und Tritium) durch seine eigene Massenträgheit zusammengehalten wird. Um dies möglich zu machen, müssen die Atomkerne auf eine Dichte von mehr als der tausendfachen Dichte von Wasser kompremiert werden. Dazu werden Kugeln von 1mm Durchmesser und weniger, sogenannte Pellets, mit einer 1:1- Brennstoffmischung von Deuterium und Tritium gefüllt. „Energiereiche Laserstrahlen oder Teilchenbündel erhitzen in wenigen Milliardsteln einer Sekunde gleichmäßig die Oberfläche des Brennstoffkügelchens. Die äußere Schale des Brennstoffs verdampft sehr schnell. Dabei wird wie bei einer Rakete ein Rückstoß erzeugt, der zu einer nach innen gerichteten Druckwelle führt."[5] Die im inneren gelegene Materie wird durch den stark anwachsenden Druck immer stärker komprimiert. Am Ende der Kompression entstehen im Inneren eine solch immense Dichte und Temperaturen von einigen zehn Millionen Grad, das es zur Zündung, der Verschmelzung der ersten Kerne, kommt. Die dadurch freiwerdende Energie heizt die implodierte Kugel weiter auf, so dass auch der Rest des Gemisches durch Fusionsreaktoren umgewandelt werden kann. Die Schwierigkeiten bei dieser Fusionsart liegen zum einen darin, die Teilchendichte in der Kugeln so weit zu erhöhen, daß sich eine ausreichende Fusionsrate, die während der Zeit des Zusammenhalts abläuft, ergibt und man somit eine positive Energiebilanz erhält; zum anderen benötigt man kurzwellige Hochenergielaser oder Beschleuniger, die schwer zu konstruieren sind und viel Energie verbrauchen. Die Kernfusion nach dieser Methode wird in Europa nicht experimentell bearbeitet. Hier verfolgt man den, einem dauerhaften Brennen bis jetzt am nächsten gekommen Ansatz; der Fusion durch magnetischen Einschluss. (vgl. Kernfusion – Eine Herrausforderung für die Menschheit S. 3,4) Die Kernfusion mit magnetischem Einschluss findet in geschlossenen Vakuumkammern statt. Ein Gas bestehend aus Deuterium und Tritium wird in dieser Kammer auf mehr als 100 Millionen Grad erhitzt und liegt damit als Plasma vor. Um ein Plasma zur Zündung, also zum selbständigen Weiterbrennen ohne äußere Energiezufuhr, zu bringen, benötigt man aber außer der angesprochenen Plasmatemperatur, auch eine bestimmte Plasmadichte von ca. 10^{14} Teilchen pro Kubikzentimeter und eine Energieeinschlusszeit von 1-2 Sekunden. Die Energieeinschlusszeit ist „die charakteristische

---

[5] IPP Jülich, Kernfusion – Eine Herrausfoderung für die Menschheit, Ausgabe Juli 2001 (S.3)

Zeitkonstante, mit der Energie aus dem Plasma durch Wärmeleitung, Teilchentransport und Strahlung verloren geht."[6] Um nun also eine ausreichende Energieeinschlusszeit zu erreichen, muß gewährleistet werden, dass das Plasma seine Energie nicht an die umgebende Wand der Vakuumkammer abgibt. Da das Plasma aus geladenen Teilchen besteht, kann man es durch Magnetfelder von der Wand des Plasmagefäßes fernhalten. „Die frei beweglichen negativen Elektronen und positiven Kerne geben dem Plasma die Eigenschaft eines elektrischen Leiters [...] Wo sich Ladungsträger bewegen, also elektrische Ströme fließen, entstehen nach einem Naturprinzip immer magnetische Felder. Umgekehrt verändern Magnetfelder auch den Stromfluß [...] Auf dieser Wechselwirkung beruht auch der magnetische Plasmaeinschluß."[7] Zwei unterschiedliche Prinzipien bieten sich dazu an. Die am meisten verwendete Art des Einschlusses ist der Tokamak, der Anfang der 50er Jahre in der Sowjetunion entwickelt wurde. Tokamak, Toroidalnnaya Kamera s Magnitnymi Katushkami, bedeutet frei übersetzt: Toroidale Kammer mit Magnetfeld. Hierbei fließt das Plasma in einer ringförmigen Röhre (Torus), die von einem Kranz aus mehreren ringförmigen Spulen (Toradialspulen) umschlossen ist. Da in einem solchen Torodialmagnetfeld die Feldstärke aus geometrischen Gründen nach außen hin absinkt, muß man über äußere Spulen einen sich ständig ändernden Stromfluß (Ringstrom) im Plasma induzieren, wodurch ein schraubenförmiges Magnetfeld um das Plasma entsteht, das die Teilchen vom „Drift" zur äußeren Wand abhält. (vgl. Kernfusion – Eine Herrausforderung für die Menschheit S. 4,5 ; Forschen in Jülich – Schwerpunktthema: Kernfusion S.7,8; www.schulen.regensburg.de/wvsg/science/fusion/grundl.htm; www.schulen.regensburg.de/wvsg/science/fusion/magn.htm)

---

[6] IPP Jülich, Kernfusion – Eine Herausfoderung für die Menschheit, Ausgabe Juli 2001 (S. 10)
[7] IPP Jülich, Forschen in Jülich – Schwerpunktthema: Kernfusion, 1999 (S. 7)

(vgl. Graphik; www.zitadelle.juel.nw.schule.de/fusion/hauptseite.htm)

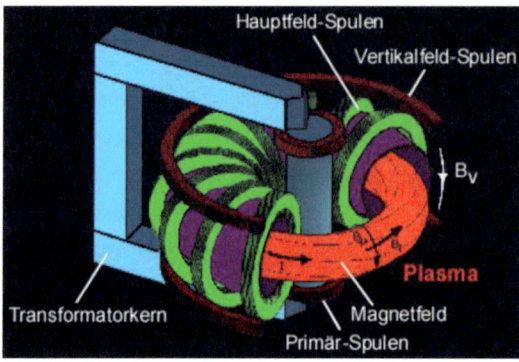

„Der Tokamak ist eine gepulste Maschine, weil im Transformator der induzierte konstante Plasmastrom nur eine endliche Zeit lang aufrecht erhalten werden kann."[8] Das heißt, dass man mit dem Tokamak nur eine begrenzte Zeit arbeiten kann, bis eine Neuaufladung der äußeren, den Ringstrom induzierenden Spulen nötig ist. Ein Tokamak-Reaktor könnte also nicht kontinuierlich Energie liefern, weil er nach einer gewissen Zeit zum Neuaufladen der Spulen abgeschaltet werden müsste. Des weiteren benötigt man bei der erneuten in Betrieb Nahme des Tokamaks wieder große Energiemengen, um den Brennstoff wieder auf Zündbedingungen zu bringen. Methoden zur Erzeugung eines Ringstroms, die Prozeßunterbrechungen vermeiden, befinden sich deshalb in der Entwicklung.(vgl. Kontrollierte Kernfusion: Stand, Probleme, Entwicklungsschritte S. 5; Forschen in Jülich – Schwerpunktthema: Kernfusion S. 8)

Das zweite Prinzip des magnetischen Einschlusses, der Stellarator, kennt solche Probleme nicht. Bei diesen Stellaratoren, die ebenfalls mit magnetischem Einschluß arbeiten, werden statt des zweiten schraubenförmigen Magnetfeldes spezielle Toradialspulen verwendet, die in sich verwunden sind und wie verbogene Toroidalfeldspulen aussehen.

---

[8] IPP Jülich, Kernfusion – Eine Herausfoderung für die Menschheit, Ausgabe Juli 2001 (S. 6)

(vgl. Graphik; www.ipp.mpg.de/de/pr/forschung/w7x/pr_for_w7x.html)

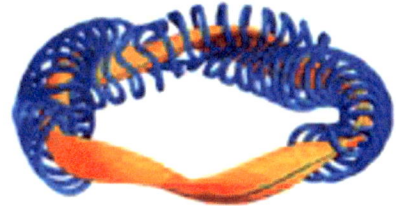

Dadurch treten keine „Drifts" nach außen auf. Somit kann der Stellarator theoretisch mit geringeren Energieverlusten arbeiten. Stellaratoren können also kontinuierlich betrieben werden und haben auch keine Instabilitäten durch zwei sich überlagernde Magnetfelder; allerdings ist der Aufbau dieser verwundenen Toradialspulen wesentlich komplizierter, und aufgrund der längeren Entwicklungszeit ist man mit Tokamaks deutlich näher an die Zündung des Plasmas gekommen.(vgl Kernfusion – Eine Herrausforderung für die Menschheit S. 8)

Da nun die Funktionsweise der Fusion mit magnetischen Einschluss bekannt ist, stellt sich noch die Frage, mit welchen Heizmethoden es den Wissenschaftlern gelingt, den Brennstoff auf so unvorstellbare Temperaturen von über 100 Millionen Grad aufzuheizen. Beim Tokamak fördert in erster Linie der Plasmastrom die Aufheizung. Er dient nämlich nicht nur zur Herstellung des Magnetfelds, das das Plasma einschließt, sondern bewirkt außerdem – analog zu einem Bügeleisen – eine Aufheizung des Plasmas. Denn die durch den Plasmastrom beschleunigten Elektronen geben ihre Energie teilweise durch Zusammenstöße, sogenannten Coulombstößen, an die Ionen ab. Dieses Prinzip der Aufheizung nennt sich Ohmsche Heizung. Der Widerstand des Plasmas verringerst sich jedoch bei einigen Millionen Grad. Da aber der Widerstand ein Maß für die Zusammenstöße der Elektronen ist, verringert sich dadurch auch Wirksamkeit der Ohmschen Heizung. Es werden also noch weitere Heizungssysteme, die auch beim Stellarator zum Einsatz kommen, benötigt um das Plasma weiter aufzuheizen. Eine weitere Heizmethode ist die Neutralteilchenheizung, die der Ohmschen Heizung ähnelt. Der Unterschied besteht nur darin, dass hier stark beschleunigte Neutralteilchen (z. B. neutrale Deuterium- oder Wasserstoffatome) in das Plasma eingeschossen werden, die wiederum ihre Energie durch Stöße an die Ionen abgeben. Ein drittes Prinzip der Aufheizung gleicht einem Mikrowellenherd.

Es werden elektromagnetische Wellen in das Plasma eingestrahlt. Wählt man geeignete Frequenzen, so wird die elektromagnetische Energie durch die Plasmateilchen aufgenommen. Da die verwendeten Frequenzen mit bis zu 200 Gigahertz im hochfrequenten Bereich liegen nennt man diese Methode auch Hochfrequenzaufheizung. Die zukünftigen Fusionsreaktoren werden wohl mehrere Heizungsmethoden verwenden, wobei hauptsächlich Ohmsche Aufheizung und Hochfrequenzaufheizung zur Anwendung kommen werden, da diese am effektivsten sind. Das Plasma wird aber nur solange von außen aufgeheizt, bis die Plasmatemperatur im Bereich von 100 Millionen Grad allein durch die bei der Kernfusion entstehenden hochenergetischen Heliumionen (α-Teilchen) gehalten wird.(vgl. Kernfusion – Eine Herrausforderung für die Menschheit S. 8,9,10 ; www.schulen.regensburg.de/wvsg/science/fusion/heiz.htm)

4. Derzeitiger Stand und Zukunftsaussichten

Ein guter Maßstab für den derzeitigen Stand der Fusionsforschung ist das bisher erreichte Fusionsprodukt und die erreichte Leistungsverstärkung. „Unter dem Fusionsprodukt ist das Produkt aus Plasmatemperatur T_i ,Plasmadichte n_i und Energieeinschlußzeit τ_E zu verstehen."[9] „Die Leistungsverstärkung ist das Verhältnis zwischen derjenigen Leistung, die durch Fusionsreaktionen erzeugt wird, und der Leistung, mit der das Plasma insgesamt aufgeheizt wird. Das Fusionsprodukt muß für eine gegebene Leistungsverstärkung größer sein als ein bestimmter kritischer Wert."[10] Es gibt in der Fusionsforschung zwei wichtige Grenzen, die es zu überschreiten gilt. Die erste ist der Break-Even, der erreicht wird, wenn die Leistung aus den Fusionsreaktionen gleich der von außen zugeführten Leistung ist. Dies entspricht dann einer Leistungsverstärkung von 1. Die zweite wichtige Grenze ist die Zündphase. Sie wird erreicht, wenn der Fusionsreaktor nur mit Brennstoff und ohne Energiezufuhr von außen selbstständig weiterbrennt. Die Leistungsverstärkung würde dann gegen unendlich gehen, solange noch Brennstoff vorhanden ist. Aber davon ist man noch ein gutes Stück entfernt. Den größten Erfolg erzielte bis heute das europäische Gemeinschaftsprojekt JET (Joint

---

[9] IPP Jülich, Kernfusion – Eine Herausfoderung für die Menschheit, Ausgabe Juli 2001 (S. 10)
[10] IPP Jülich, Kernfusion – Eine Herausfoderung für die Menschheit, Ausgabe Juli 2001 (S. 10)

European Tours) im Herbst 1997, als eine Leistungsverstärkung von 0,7 erreicht werden konnte; also 70 Prozent der von außen zugeführten Leistung durch Fusionsleistung wiedergewonnen wurden. Der Tokamak Jet steht in Großbritannien und ist der größte Versuchsaufbau der Welt, der nach dem Tokamak-Prinzip arbeitet. Als nächstes Projekt der Fusionsforschung steht der Bau des ITER-Projekts (International Thermonuclear Experimental Reactor) an, der sich gerade in Planung befindet. Die ausichtsreichen Kandidaten für den zukünfigen ITER Standorts sind Japan und Kanada. Ziel von ITER soll sein, „ die thermonukleare Zündung zu erreichen und ein brennendes Fusions- plasma einzuschließen."[11] ITER soll der letze Zwischenschritt zu einem zukünftigen Demonstrationsreaktor DEMO sein, der in der Lage sein soll, selbst Tritium herzu- stellen und erstmals wesentliche Mengen von Elektrizität aus Fusionsenergie zu erzeugen. Bis es aber so weit ist, müssen noch einige Probleme in Angriff genommen werden.(vgl. Kernfusion – Eine Herausfoderung für die Menschheit S. 10,11,12 ; Kontrollierte Kernfusion: Stand, Probleme, Entwicklungsschritte S. 5; www.berlinonline.de/wissen/berliner_zeitung/archiv/1999/1201/wissenschaft/0012) Das Kernproblem ist dabei sicher die „Plasma-Wand-Wechselwirkung". Die Wand eines Fusionsreaktors ist ungeheuren Belastungen ausgesetzt. Denn trotz der Abschirmung der Wand gegenüber dem heißen Plasma durch Magnetfelder, muss das Wandmaterial sehr große Temperaturen aushalten. Darüber hinaus tritt ein ständiger Neutronenbeschuss, durch die bei der Fusionsreaktion entstehenden schnellen Neutronen auf, der die Wand schlechter wärmeleitend und noch dazu spröde macht. Dies kann dazu führen, das Teile des Wandmaterials abgetragen werden und ins Plasma gelangen. „Dort verdünnen sie den Brennstoff, vernichten unter Umständen durch Abstrahlen Energie und bringen das Plasma zum Erlöschen."[12] Zur Zeit wird fieberhaft nach einem Material gesucht, das diesen extremen Anforderungen dauerhaft gewachsen ist. Ein weiteres Problem ist die Verunreinigung des Plasmas durch die, bei der Fusion enstehende Helium-Asche. Die Helium-Asche besteht aus Heliumkernen, die bei der Deuterium-Tritium-Fusion entstehen. Diese Heliumkerne setzen sich an der Reaktor- wand ab und führen, wenn sie nicht durch speziellen Pumpen, abgesaugt werden, „nach etwa einer Minute Brenndauer unvermeidbar zum Kollaps der Fusionsflamme"[13]. Unklar ist ob auch die bei der Kernfusion entstehenden hochenergetischen α - Teilchen (schnelle, zweifach positiv geladene Heliumkerne) Turbulenzen hervorrufen und somit

[11] IPP Jülich, Kontrollierte Kernfusion: Stand, Probleme, Entwicklungsschritte, 1992 (S.5)
[12] IPP Jülich, Forschen in Jülich – Schwerpunktthema: Kernfusion, 1999 (S. 16)
[13] IPP Jülich, Kontrollierte Kernfusion: Stand, Probleme, Entwicklungsschritte, 1992 (S. 5)

14

die Fusion stören. Erst wenn alle diese Hindernisse beseitigt sind, steht der kontrollierten Kernfusion, von technischer Seite nichts mehr im Weg.
(vgl. Forschen in Jülich – Schwerpunktthema: Kernfusion S. 16,19; Kontrollierte Kernfusion: Stand, Probleme, Entwicklungsschritte S. 3,4,5)

5. Mögliche Gefahren

Wie bei jeder Technologie, gibt es auch bei der Kernfusion negative Anwendungsmöglichkeiten. Im Falle der Kernfusion ist dies sicherlich die Wasserstoffbombe, die unkontrollierte Fusion von 4 Wasserstoffkernen (Protonen) zu einem Heliumkern.Schon durch die ersten Atombomben kamen bei den beiden schrecklichen Einsätzen in den japanischen Städten Hiroschima (6.8.1949) und Nagasaki (9.8.1949) über 270.000 Menschen um, und tausende weitere erkrankten aufgrund der freigesetzten Strahlung schwer. Heute könnte man Wasserstoffbomben mit 250 mal größerer Zerstörungskraft als diese Bomben herstellen. Aber auch die nützliche, kontrollierte Kernfusion weist Risiken auf. Die größte Gefahr bei Kernprozessen verursachen immer die radioaktiven Materialien. Bei einem Fusionsreaktor sind dies also das Tritium und das durch energiereiche Neutronen aktivierte Wandmaterial. Dieses muss regelmäßig ausgewechselt werden, da der Neutronenbeschuss auch zur Materialermüdung führt, unterstützt durch die extremen Bedingungen, denen das Material ausgesetzt ist. Die Reaktorwand muß als radioaktiver Müll gelagert werden, so dass sich hier ein Entsorgungsproblem ergibt. Jedoch ist der Abfall anders geartet als bei Spaltreaktoren. Je nachdem, welche Materialien eingesetzt werden, kann die Halbwertszeit des Mülls verhältnismäßig gering sein. Beim Tritium entfällt der Transport zum Kraftwerk, da es vor Ort aus dem ungefährlichen Lithium hergestellt wird. Allerdings kann Tritium durch nahezu alle Materialien diffundieren, was durch die starke Erwärmung der Reaktorwand noch erleichtert wird. Auch radioaktive Stäube, die z.B. durch Wanderosion entstehen, bergen ein Gefahrenpotential in sich. Erstaunlich ist, das erst Ende der 80er Jahre an einem verkleinerten Modell eines Fusionsreaktors Störfallforschung betrieben wurde. Die an diesem Testreaktor TESPE gesammelten Erkenntnisse ergaben eine weitgehende Beherrschbarkeit der möglichen Störfälle, jedoch ist wie bei den meißten Ergebnissen der Fusionsforschung eine Übertragung (Skalierung) auf größere Reaktoren nur begrenzt möglich. Ein außer Kontrolle geraten der Fusionsreaktion, wie es bei Spaltreaktoren möglich ist (z.b. in Tschernobyl), sind bei Fusionsreaktoren ausgeschlossen, da bereits geringe Verunreinigungen des Plasmas zum Erliegen der Reaktion führen. Kleinere Störfälle, wie z.b. ein Leck im Reaktorgefäß, haben vergleichbare Folgen wie bei einem Spaltreaktor. Antwort auf die meisten Sicherheits- und Umweltaspekte soll erst der geplante ITER–Reaktor bringen. (vgl. Kontrollierte Kernfusion: Stand, Probleme, Entwicklungsschritte S. 8,9 ; Kernfusion – Eine Herrausforderung für die Menschheit S. 14,15)

6. Schlusswort

Die Kernfusion stellt eine große Hoffnung für die Lösung zukünftiger Energieprobleme dar. Auch das Problem der zunehmenden Luftverschmutzung, das bei Verbrennungskraftwerken nicht zu vermeiden ist, könnte verringert werden. Bei der Fusion treten weder CO_2 – , SO_2 – noch NO_x – Gase auf, die den Treibhauseffekt oder die Luftverschmutung fördern. Das ist ein entscheidender ökologischer Vorteil gegenüber anderen Arten der Energiegewinnung. Doch bei aller Euphorie dürfen die möglicherweise auftretenden Probleme nicht vernachlässigt werden; wie zum Beispiel der zuvor angesprochene Anfall von radioaktiven Materials. Desweiteren gibt es ökonomische Probleme. Die bisherigen Forschungen, die seit etwa 50 Jahren laufen und allein in Deutschland um die 100 Millionen DM pro Jahr verschlingen, haben bisher weder einen Reaktor mit positiver Energiebilanz noch überhaupt ein brennendes Plasma hervorgebracht Durch diese hohen Forschungskosten steht das Projekt Kernfusion unter gewaltigem Erfolgsdruck. Es stellt sich die Frage, ob sich die weltweiten Ausgaben in Milliardenhöhe überhaupt auszahlen werden. Sollte sich eine wirtschaftliche Energiegewinnung durch Fusionsreaktoren als nicht möglich herausstellen, stünden Politiker,Wissenschaftler und die Forschung unter heftiger, öffentlicher Kritik. Auch bei einem Erfolg, ist es noch fraglich, wie die öffentliche Akzeptanz zur Kernfusion ausfallen wird. Zur Zeit wird der nahe Verwandte der Kernfusion, die Kernspaltung kritisiert. Viele fordern den Ausstieg aus der Atomenergie. Die kontrollierte Kernfusion könnte genauso ins Kreuzfeuer gerraten. Eine genaue Vorraussage lässt sich nicht treffen, da diese Entscheidung wahrscheinlich erst in einigen Jahren ansteht.

7. Literaturverzeichnis

Bücher:

Meyers Großes Taschenlexikon in 24 Bänden, B. I. Taschenbuchverlag 1990
Abitur Training - Chemie 1, Stark 1996

Broschüren:

IPP Jülich: Kernfusion – Eine Herrausforderung für die Menschheit, Ausgabe Juli 2001
IPP Jülich: Kontrollierte Kernfusion: Stand, Probleme, Entwicklungsschritte, 1992
IPP Jülich: Forschen in Jülich – Schwerpunktthema: Kernfusion, 1999

Internetseiten:

www.energieinfo.de/eglossar/node91.html
www.schulen.regensburg.de/wvsg/science/fusion/grundl.htm
www.schulen.regensburg.de/wvsg/science/fusion/magn.htm
www.schulen.regensburg.de/wvsg/science/fusion/heiz.htm
www.zitadelle.juel.nw.schule.de/fusion/hauptseite.htm
www.ipp.mpg.de/de/pr/forschung/w7x/pr_for_w7x.html
www.ipp.mpg.de/BB/Kernfusion/Kernfusion1.html
www.berlinonline.de/wissen/berliner_zeitung/archiv/1999/1201/wissenschaft/0012
http://versuchstechnik.de/kernfusion/fusionsreaktor.pdf